自然中的智慧

妙想建筑师

临　渊　著　梦堡文化　绘

河北出版传媒集团　河北少年儿童出版社

图书在版编目（CIP）数据

妙想建筑师 / 临渊著 ; 梦堡文化绘. — 石家庄 :
河北少年儿童出版社, 2022.3
（自然中的智慧）
ISBN 978-7-5595-4710-1

Ⅰ. ①妙… Ⅱ. ①临… ②梦… Ⅲ. ①自然科学－少
儿读物 Ⅳ. ①N49

中国版本图书馆 CIP 数据核字（2022）第 010683 号

妙想建筑师

MIAO XIANG JIANZHU SHI

临　渊　**著**　梦堡文化　**绘**

策　　划	段建军　蒋海燕　赵玲玲
责任编辑	尹　卉
特约编辑	姚　敬
美术编辑	牛亚卓
装帧设计	杨　元

出　　版	河北出版传媒集团　河北少年儿童出版社 （石家庄市桥西区普惠路 6 号　邮政编码：050020）
发　　行	全国新华书店
印　　刷	鸿博睿特（天津）印刷科技有限公司
开　　本	889 mm×1 194 mm　1/16
印　　张	3
版　　次	2022 年 3 月第 1 版
印　　次	2022 年 3 月第 1 次印刷
书　　号	ISBN 978-7-5595-4710-1
定　　价	39.80 元

电话：010-87653015　传真：010-87653015

目录

如果你遇到一群不知名的小蚂蚁，其中有几只不仅个头儿大，脑袋也特别大，那很可能就是大头蚁了。

大头蚁中不仅有“武士”，还有很多“兼职建筑师”。

在大头蚁家族中，工蚁的兼职就是建筑师，也就是说它们要负责建造蚁穴。大头蚁在地下建造的蚁穴，具有良好的排水和通风措施。

在蚁穴洞口活动的大头蚁

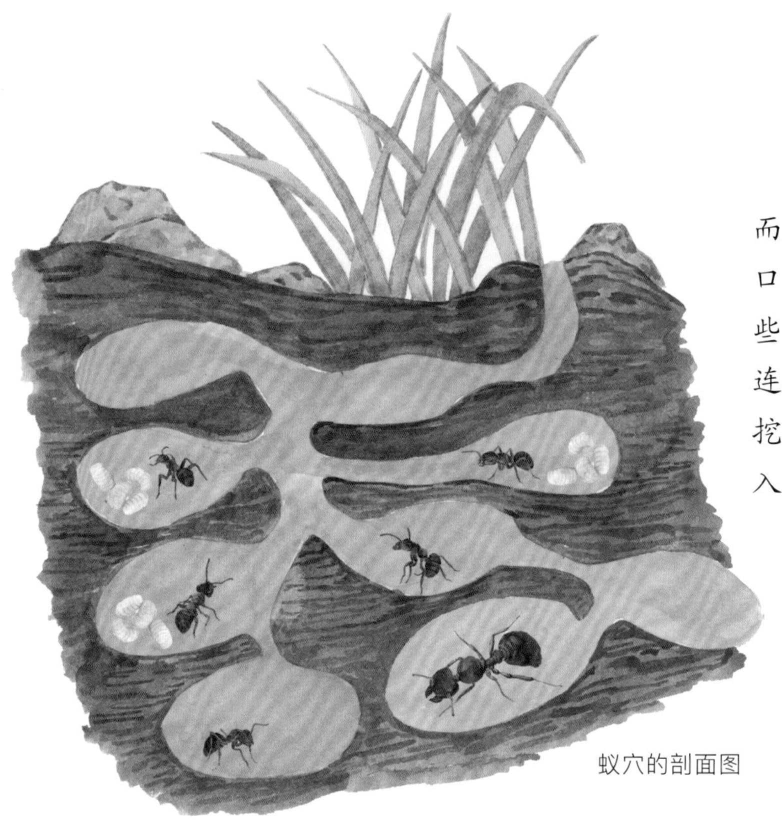

蚁穴的剖面图

大头蚁建造的蚁穴十分庞大而且错综复杂，不仅拥有多个出入口，还有许许多多“小房间”，这些“小房间”又由一个个“小过道”连接起来。大头蚁利用它们的颚部挖土掘洞，并将掘出的土堆积在出入口处，形成小小的土丘。

蚁穴中的“小房间”各有各的用途，有的用来储藏食物，有的用来放置垃圾，有的里面安置着卵和大头蚁幼虫，而蚁后总是住在整个巢穴靠中间的位置，“房间”很宽敞，还被打扫得非常干净，附近是它产下的卵。

工蚁照顾幼虫

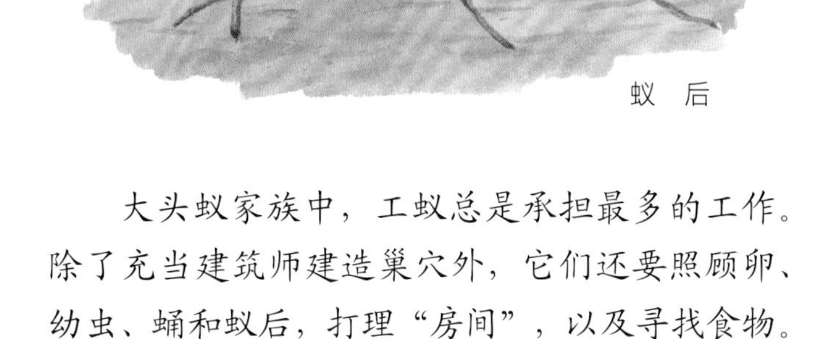

蚁　后

那些个头较大，脑袋尤其大的蚂蚁是大头蚁家族中的兵蚁。

这些兵蚁虽然数目远少于工蚁，但它们很厉害。因为兵蚁拥有强而有力的上颚，可以对付敌人和搬运较重的食物，所以它们会跟随着工蚁组成的觅食队伍一起出行。但是，不是所有的蚂蚁家族里都有兵蚁。

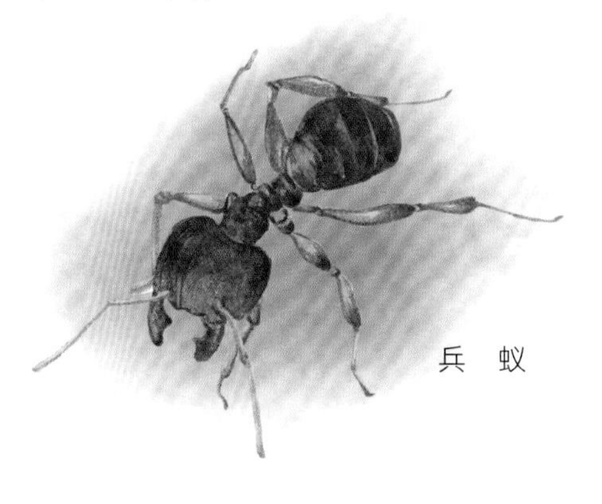

兵　蚁

大头蚁家族中，工蚁总是承担最多的工作。除了充当建筑师建造巢穴外，它们还要照顾卵、幼虫、蛹和蚁后，打理“房间”，以及寻找食物。

大头蚁能吃掉很多东西，比如杂草种子、植物果实、蘑菇、人类食物残渣、动物尸体和其他种类的虫卵等。

草　籽

虫　卵

植物果实

白 蚁

一只仅有几毫米长的白蚁可能什么也干不了。可是，如果成千上万只这样的白蚁在一起，就能修建出一座名为“白蚁丘”的奇妙建筑。

白 蚁

白蚁丘

白蚁丘在地面之上的部分可以高达10米，是白蚁中的工蚁用唾液分泌物混合泥土后一点儿一点儿地建造出来的，里面除了一个或多个位于中央的管道之外，还有无数条通往土丘表面的小管道。

白蚁虽然修建了这个巨大的土丘，但大多数时间都在土丘下面的“房间”里忙碌着。对它们来说，这个大土丘更像一个“超级空调”，不仅可以实现冬暖夏凉，还能自动换气，确保地下的生活更舒适。

白蚁丘的剖面结构示意图

在地面之下，白蚁的巢穴里更加复杂，不仅有四通八达的小隧道，还有各种功能性的小房间，比如“育婴室”、蚁后的“皇宫”、储藏室等。

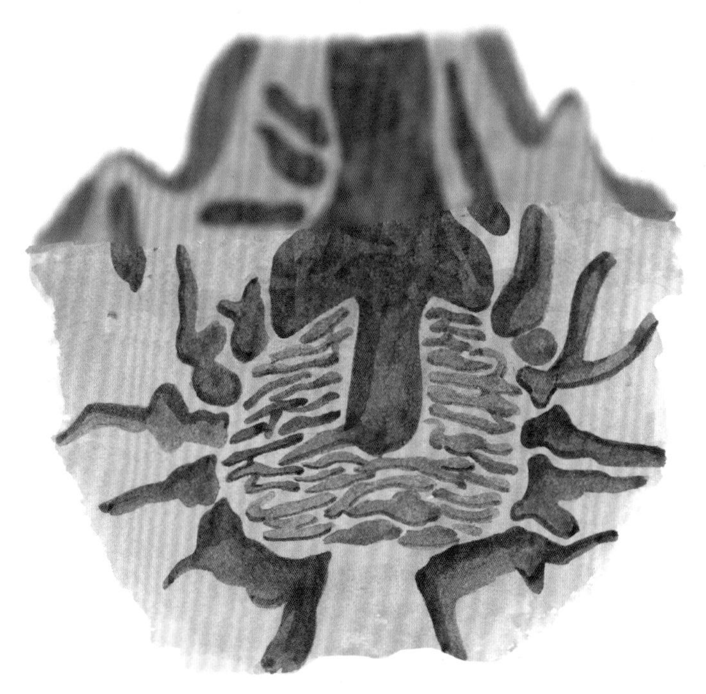

地下白蚁穴的剖面结构示意图

从白蚁穴的真菌室中生长出来的白色蘑菇

有些白蚁还在家里布置了“真菌室”，它们用自身的排泄物来培育真菌，作为另一种食物来源。

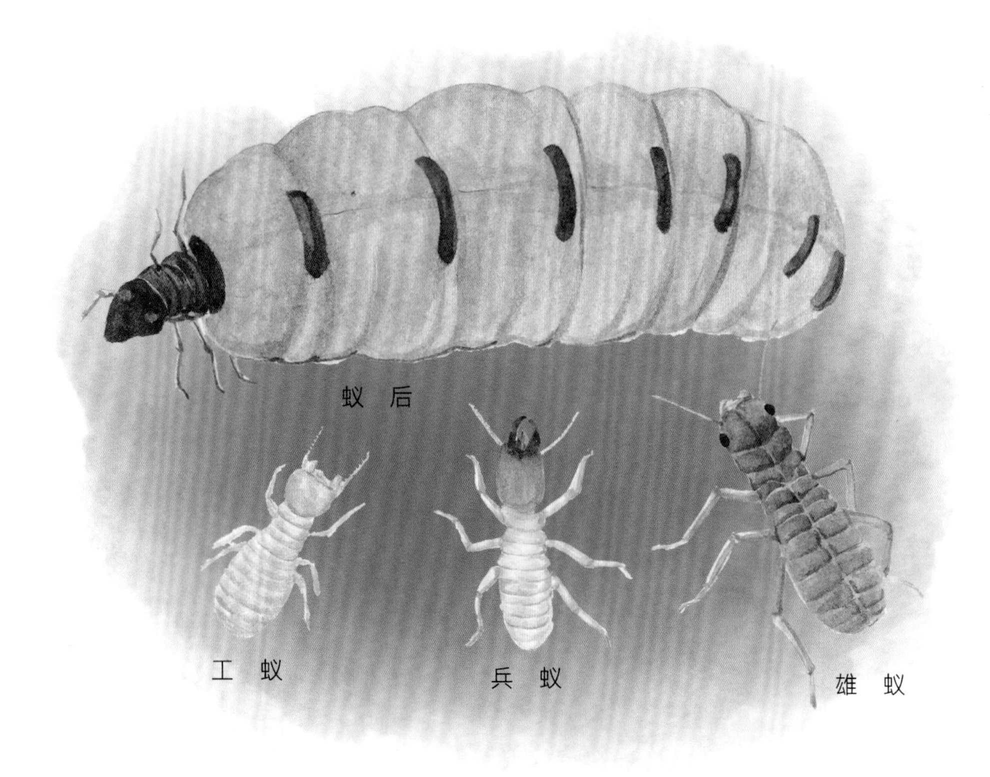

白蚁之所以得名，是因为它们的体态和行动看上去和蚂蚁差不多，身体又多是白色的。其实，和蚂蚁比起来，白蚁和蟑螂的亲缘关系更近。有证据显示，原始白蚁和原始蟑螂有着共同的祖先。

一个完整的白蚁之家总是由蚁后、雄蚁、兵蚁以及成千上万只工蚁组成。

泥壶蜂

每到准备产卵的时候，都是泥壶蜂妈妈最忙碌的时候。因为它要由一个“细腰美女蜂”晋级为“无敌泥水匠”啦！

泥壶蜂妈妈对蜂巢的地点很重视，它会先挑选一个隐蔽的地方，也许是树枝上、树干旁、屋檐下，或者某个角落里。选好之后它要先去有水的地方吸水，再到有泥土的地方，吐水和泥，把湿漉漉的小泥球抱回来，一点儿一点儿地像砌墙似的，做出一个像泥壶一样的“小房间”。

泥壶蜂在水边吸水

泥壶蜂用泥球建造的一个蜂巢

泥壶蜂妈妈会在建好的“小房间”里面产一粒卵，再出去捉毛毛虫带回来和卵放在一起。好啦，可以先将这个“小房间”封上口啦。

接下来，泥壶蜂妈妈会在这个“小房间”旁边再加盖一个“小房间”，再产卵、放虫……就这样，直到它满意了，才会把整个蜂巢封好。最后，整个巢看起来就像个更大的泥壶，这也是它被叫作泥壶蜂的原因。

一个个泥壶一样的单独蜂巢摞在一起，形成一个更大的壶状蜂巢

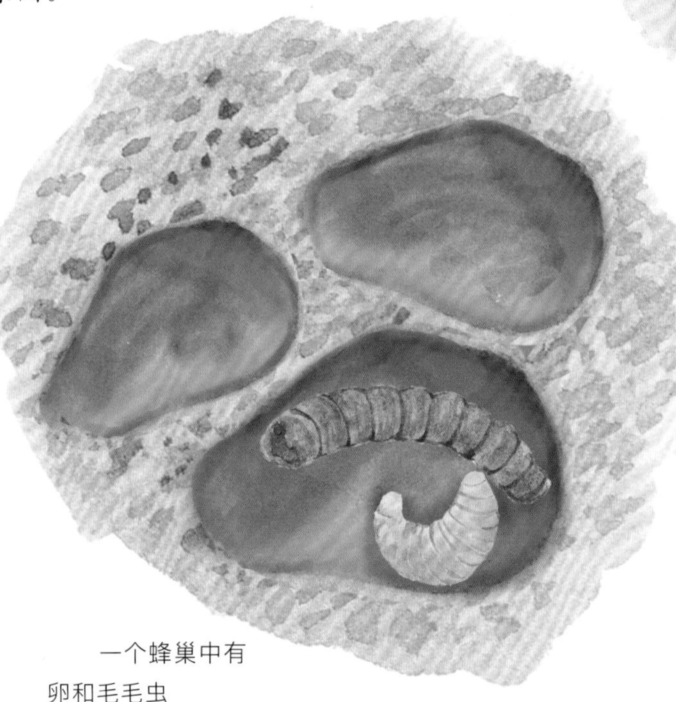

一个蜂巢中有卵和毛毛虫

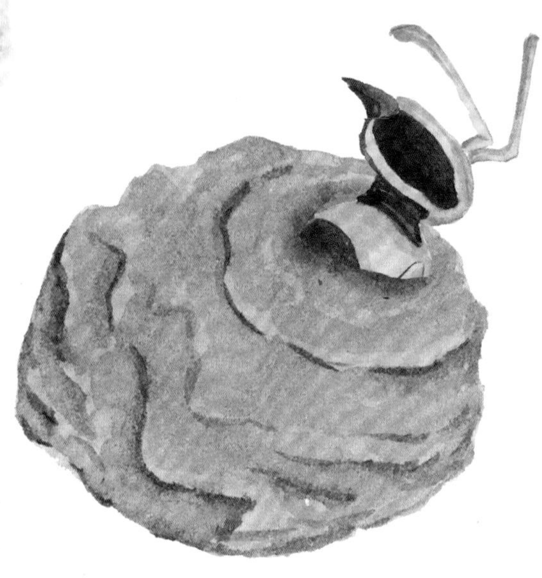

小泥壶蜂咬破泥巢，钻了出来

泥壶蜂妈妈建的巢虽然外表看起来像泥块一样简陋，可是当泥球都凝固硬化后，不怕雨水冲刷，十分坚固，简直和人造的水泥房子一样。所以，泥壶蜂妈妈是当之无愧的 “无敌泥水匠”。

泥壶蜂妈妈放在每一个“小房间”里的毛毛虫，都是它事先用毒针刺过了的，这样可以使毛毛虫浑身麻痹又不会死，保证小泥壶蜂一孵出来就有“新鲜”的饭吃。

小泥壶蜂从卵里孵出来后，靠吃泥壶蜂妈妈准备的毛毛虫大餐为生。等它长成成虫之后，便用它的大颚咬破泥巢，飞出来开始自己的新生活了。

有时，有些寄生蜂会在泥壶蜂的巢内产卵，这些寄生蜂的幼虫会吃掉小泥壶蜂，自己在巢里面长大。

长疣马蛛

我们都知道蜘蛛善于结网，但有些种类的蜘蛛却不擅长。比如大多数狼蛛都不会结网，它们喜欢像狼一样跑来跑去，快速地追捕猎物。而同属狼蛛家族的长疣（yóu）马蛛却不以为然，它不仅善于织网，还织的是立体的网，它的网不仅可以用于捕猎，还用于居住哦。

看到长疣马蛛织的网，你一定会感叹它真是织网的高手啊。

长疣马蛛和它织的网

有阳光的日子里，长疣马蛛喜欢在草丛里织网。它不辞辛劳地从一片叶子爬到另一片叶子，与此同时，从腹部的后面拉出一条条又细又长的丝。就这样，用不了多久，它就能织成一张大约有巴掌那么大的网，白白的，像个小手帕。

长疣马蛛正在织网

如果仔细观察，会发现这个“小手帕”既精致又立体。它由一层又一层的网组成，如同一个有平台的漏斗，在漏斗下还有一个管状的小隧道。

长疣马蛛织的网中，都有一个管状的小隧道，供它躲藏

平时，长疣马蛛常常躲在小隧道里，等待着猎物自动送上门来。偶尔它也会出来溜达溜达，可一遇到危险，它就会立刻赶回小隧道里躲起来。

长疣马蛛刚从卵里孵出来的时候，和蚂蚁的大小差不多。当它离开长疣马蛛妈妈的时候，就可以自己织网“建宅”啦。刚开始，它织的网很小，随着小长疣马蛛渐渐长大，它织的网也越来越大。

蛛网上，小长疣马蛛和它的妈妈在一起

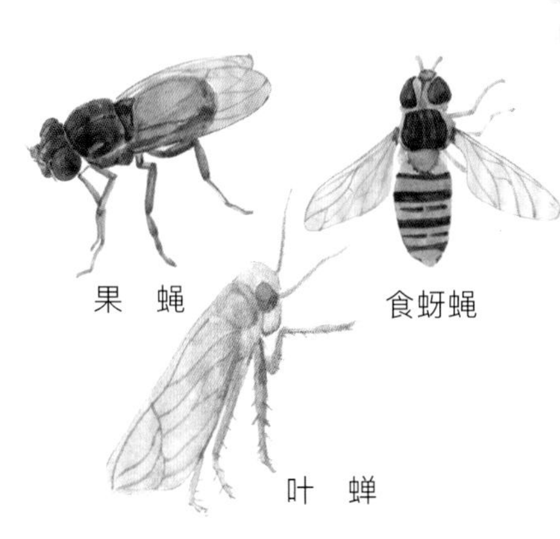

长疣马蛛的网没有黏性，主要靠密密麻麻的网线缠住撞在网上的猎物。长疣马蛛是肉食性动物，它常常捉到的猎物有果蝇、叶蝉、食蚜蝇、蟋蟀的幼虫等，以此为食。

长疣马蛛的网要是破了，它会选择修修补补。实在没办法修补了，长疣马蛛会丢掉旧网，重新织一个新的，不会像有些蜘蛛那样吃掉破网、旧网的。

寄居蟹

很多螃蟹都长有硬壳，可以保护自己，而寄居蟹就比较可怜了，它不仅没有壳，并且腹部柔软脆弱，因此它的“天敌”五花八门，既有鸟、章鱼、螳螂虾、其他螃蟹，还有炙热的阳光，因为阳光能将寄居蟹晒干。

螃 蟹

寄居蟹

面对这些，寄居蟹必须得给自己找一个“家”。这个“家”可以是空贝壳、海螺壳，甚至人们丢弃的瓶盖、玻璃瓶……不管是什么，寄居蟹都乐意搬进去，然后背着这个“家”四处溜达。

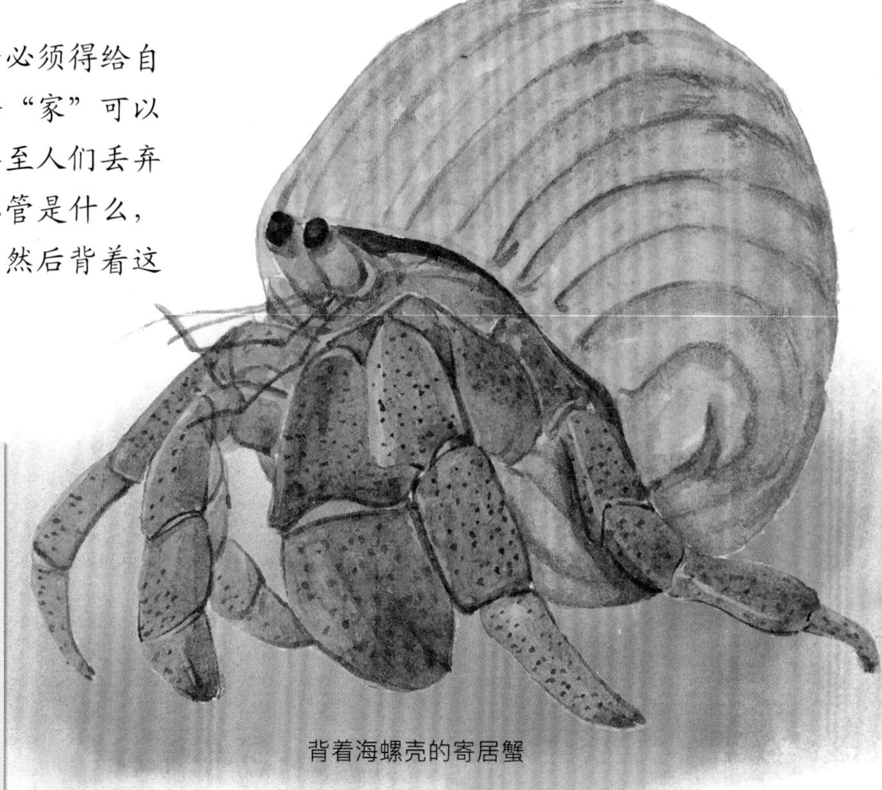

背着海螺壳的寄居蟹

由于寄居蟹会慢慢长大，而背着的“家”却不会跟着长大，所以寄居蟹会时常留意着，如果发现更合适的家，就马上换。至于旧家，就丢在原处等下一个“有缘”的寄居蟹吧。

两只寄居蟹抢夺一个海螺壳

寄居蟹之间常常为了一个合适的家而大打出手，有时候身强力壮的寄居蟹还会从弱小的寄居蟹那里抢一个家。

有的寄居蟹找到新家后，喜欢“邀请”海葵住到它的“房子”上。因为有些动物，比如章鱼，喜欢把寄居蟹从“家”里拖出来吃掉。如果有了海葵，事情的发展就不一样了，海葵身上有刺细胞，当章鱼抓住它们时，就像按在了一把针上，会疼得赶紧丢掉它们。

寄居蟹壳上的海葵，可以保护它免受章鱼的捕食

椰子蟹

大多数寄居蟹寄居在其他软体动物留下的壳内，也有一些寄居蟹，比如椰子蟹，长大后会长出类似螃蟹的硬壳，就可以抛弃“房子”过上自由的生活了。

寄居蟹是杂食动物，藻类、寄生虫、其他动物吃剩的残渣，甚至其他动物的便便等，它都能吃，因此人们称呼寄居蟹为“海边的清道夫”。

蚯蚓

蚯蚓喜欢住在哪儿？

当然是地下，而且是潮湿松软而肥沃的土壤里。这一点，蚯蚓从出生那天起就知道。

对于蚯蚓来说，只要土壤合适，就可以成为自己的家。它可以不分白天黑夜，扭动着自己管子一样的身体在土里钻来钻去，一边打洞，一边努力吃东西。

蚯蚓这种在土里钻来钻去的爱好可以改善土壤，生物学家达尔文曾称它们为“地球上最有价值的动物”，没有蚯蚓生活居住的土壤，真是“糟透了”！

蚯蚓和它们在土壤中钻出的一条条洞

蚯蚓喜欢在雨后从土里爬出来，呼吸一下新鲜空气，顺便晒晒太阳，然后就会钻回土里了。

雨后，蚯蚓纷纷从土壤中钻出来

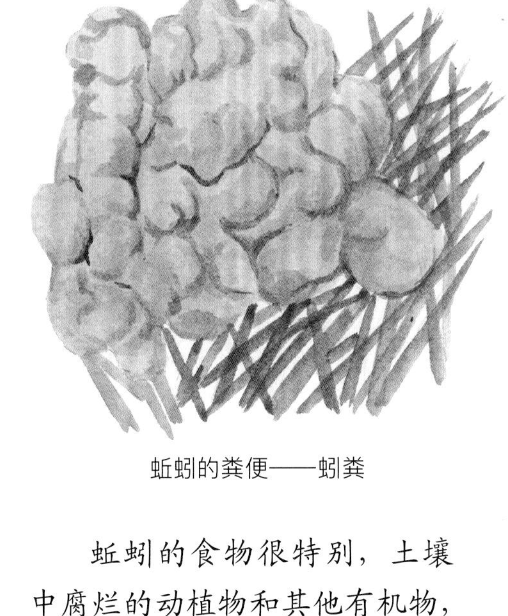

蚯蚓的粪便——蚓粪

蚯蚓的食物很特别，土壤中腐烂的动植物和其他有机物，都吸引着蚯蚓，而那些它不能消化的东西，就会被“拉”出来，看起来就像一团团细碎的颗粒状土壤。

绝大多数动物拉出来的便便都是臭不可闻的，但蚯蚓不一样，它排出来的便便被称为蚓粪，是一种有机肥，不仅不臭，还有一股自然的泥土味。有时，这些被拉出来的蚓粪还可能被蚯蚓重新吃下去。

蚯蚓总是在吃东西，它一天能吃下的东西几乎和自己的体重一样重，甚至更重。

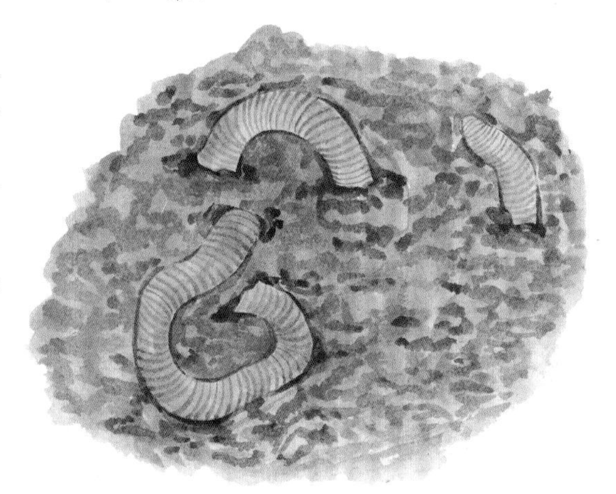

蚯蚓在土壤中穿梭，疏松土壤

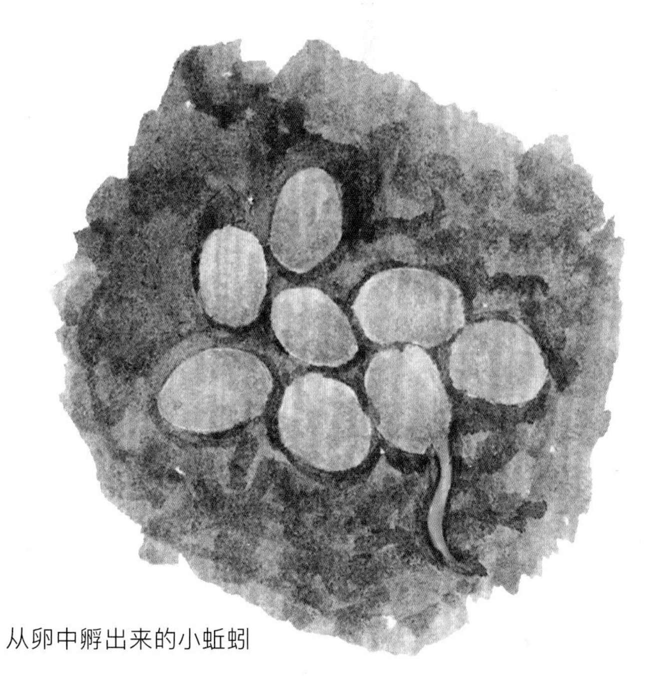

从卵中孵出来的小蚯蚓

蚯蚓有“脑子”，但它的“脑子”和人类的可一点儿也不同。蚯蚓的“脑子”似乎只关注光线和触觉。科学家发现切除蚯蚓的“脑子”后，它的日常生活几乎不受影响。

蚯蚓是卵生动物。蚯蚓妈妈刚产下的卵是透明的，呈椭圆形。等到大约两周后，小蚯蚓就从卵里孵出来啦。它和蚯蚓妈妈几乎一模一样，只是小了许多。

蜗 牛

每一只蜗牛都是自己的“建筑师”。

你能想象吗？当蜗牛刚从卵里爬出来的时候，身上就有了一层薄薄的壳。这个壳就是蜗牛的家，它对蜗牛来说太重要了。

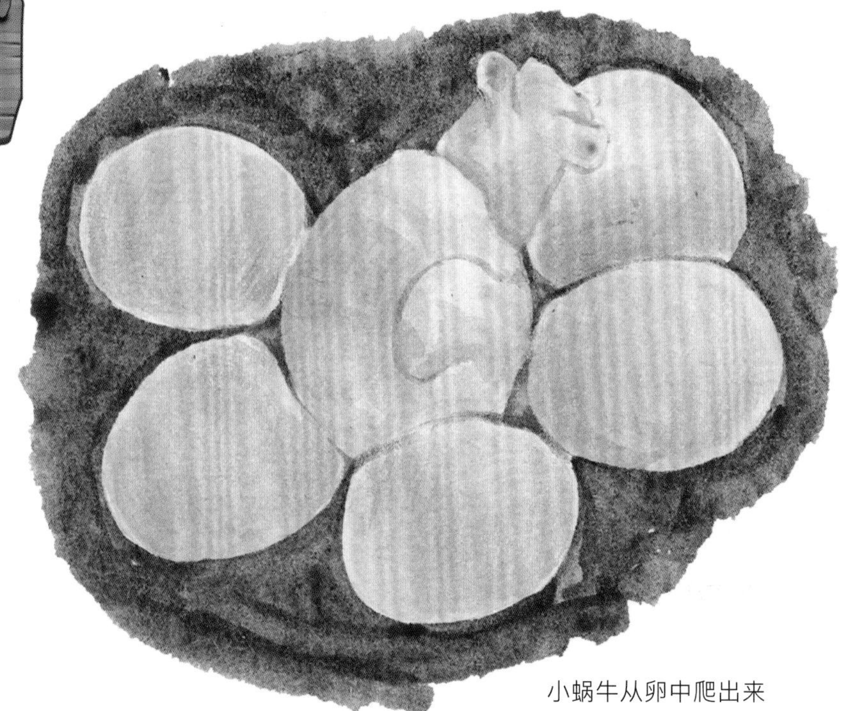

小蜗牛从卵中爬出来

躲在壳里的蜗牛

遇到危险时，蜗牛常常躲到壳里。如果天气恶劣，比如太热、太冷，或者太干燥，蜗牛都会缩入壳内，并分泌黏液将壳口封住，一动不动地待上几天，甚至几周，期间几乎不需要食物和水。

对于蜗牛来说，这个壳不仅是它的家，也是身体的一部分。蜗牛的壳呈圆锥形，有向右螺旋的也有向左螺旋的。

蜗牛的壳呈圆锥状，上有螺纹

在蜗牛成长的过程中，它的外套膜（蜗牛身体的另一个构造）会分泌碳酸钙以及贝壳质等物质，以确保这个壳也能随之长大。为了可以不断分泌碳酸钙，蜗牛的一生都得坚持“补钙”，所以它会努力吃一些富含钙的食物，比如花椰菜。

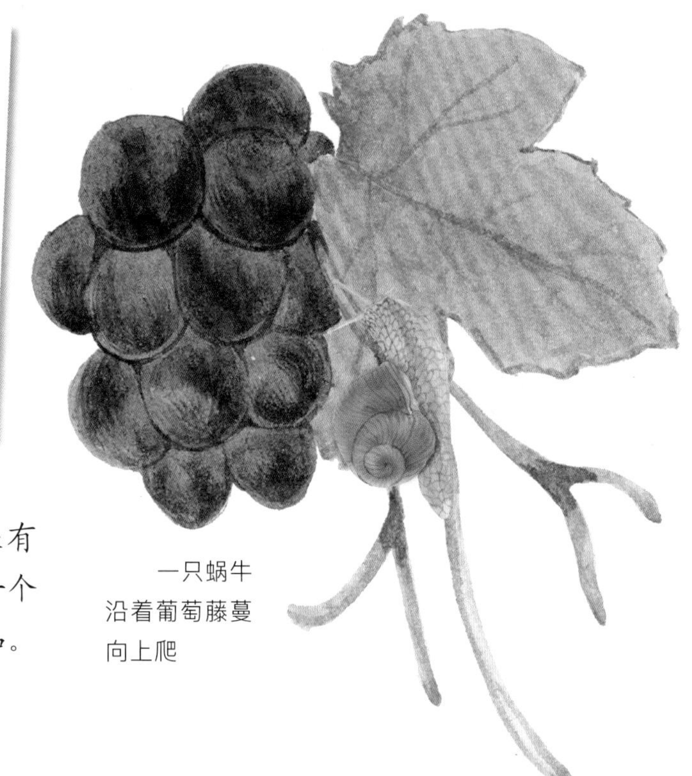

一只蜗牛沿着葡萄藤蔓向上爬

猜猜看，蜗牛的壳大约有多重？曾经有科学家估算，蜗牛驮着它的壳时，相当于一个60千克体重的人，背着200千克重量的物品。

蜗牛的眼睛长在触角上

蜗牛的头上，有两对触角，其中一对长长的触角上，分别长着小小的单眼。

虽然有眼睛，但几乎所有的蜗牛的视力都很差，只能看到前面数厘米的景物，但它们可以感受到不同的颜色。

蜗牛探头去吃一朵花

2005年，俄罗斯曾经把一些蜗牛用飞船送到了太空中的国际空间站里，它们在空间站中还存活了一段时间。

小丑鱼

在各种肉食动物出没的海洋里，住到哪儿更安全呢？

许多小动物选择住在珊瑚礁里。小丑鱼更富有奇思妙想，它们住进了珊瑚礁中的“海葵屋”里，让海葵房东来保护自己。

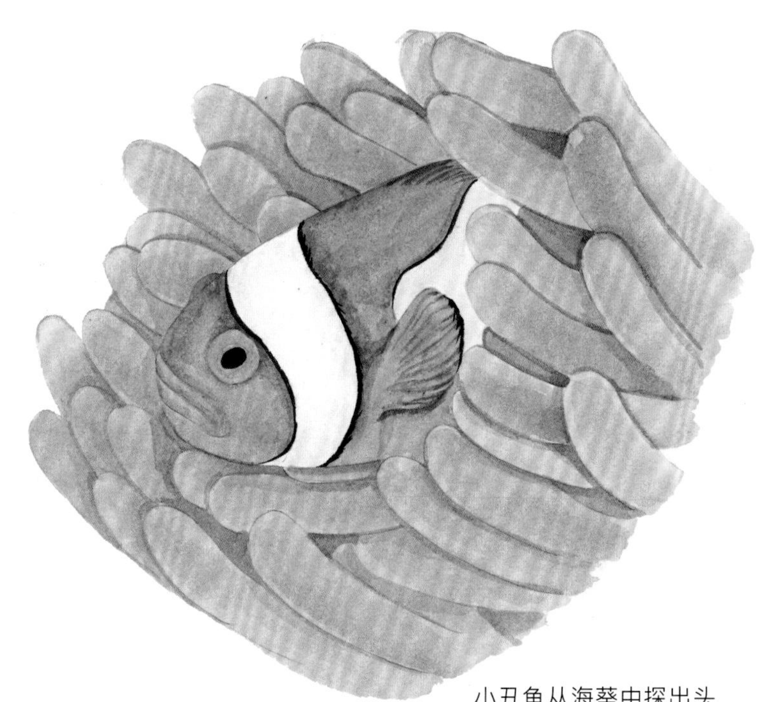

小丑鱼从海葵中探出头

小丑鱼在海葵旁边游来游去，以便可以“驯服”海葵

不过，海葵房东是不会随随便便同意小丑鱼住进“自己家”的，小丑鱼必须想办法“驯服”它。一般来说，小丑鱼会用身体的不同部分轮流慢慢接近海葵房东，期间一旦受到攻击，就迅速躲开。要知道，海葵房东的刺细胞是很厉害的，躲不开被刺着的话，可能会死。

就这样，直到小丑鱼的身体上渐渐粘上了海葵房东的黏液，海葵房东也渐渐习惯了小丑鱼。小丑鱼才可以顺利搬进“海葵屋”。

海葵捕食了一条小鱼

如果小丑鱼离开“海葵屋”出去觅食的话，绝对不能离开太久，否则，海葵房东会拒绝它再次入住，除非小丑鱼再来一次“驯服”。

小丑鱼喜欢白天在“海葵屋”附近穿梭游戏，遇到危险便躲回去。有时小丑鱼还利用自己鲜艳的体色吸引其他鱼前来，使对方成为海葵房东的食物，自己也能得到一些食物碎屑吃。此外，小丑鱼还会帮海葵房东清理便便、脱落的皮屑以及寄生虫等。

小丑鱼为了确保睡觉时不会漂离“海葵屋”，它总是睡在海葵房东的口器旁边。

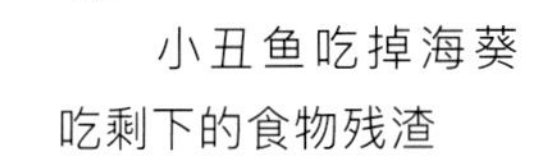

小丑鱼吃掉海葵吃剩下的食物残渣

小丑鱼在海葵里睡觉

小丑鱼为什么叫“小丑鱼”呢？这是因为所有小丑鱼的脸上都有一条或两条白色的条纹，就像京剧中的丑角一样。

缎蓝园丁鸟

每到鸟类的求偶季节，缎蓝园丁鸟先生一定会施展自己的建筑才华。它马不停蹄地找来很多小树枝，搭起一座没有顶，且两头儿贯通的“走廊”，还在这个“走廊”前面建造一个小跳舞场，摆上许多美丽的东西，有蓝色的花瓣、黄色的花瓣、蓝色的浆果、树叶、蜗牛壳，以及鹦鹉的彩色羽毛等，有时还有一些闪闪发光的玻璃片、塑料片。缎蓝园丁鸟先生会精心地把“走廊”和跳舞场都装饰得漂漂亮亮的。

缎蓝园丁鸟雄鸟衔来小树枝，搭建一座“走廊”

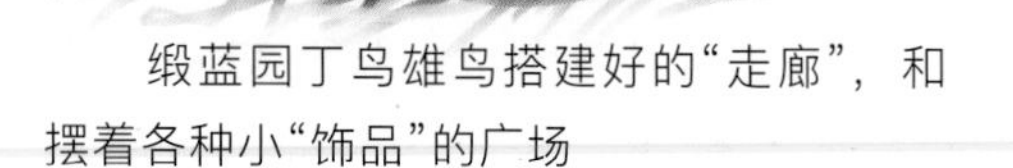

缎蓝园丁鸟雄鸟搭建好的“走廊”，和摆着各种小“饰品”的广场

一只雄鸟叼
蓝色的瓶盖，从
处院落里出来

缎蓝园丁鸟雌鸟站在树枝上，
看着雄鸟建好的“走廊”和广场

等一切都准备好之后，缎蓝园丁鸟先生便待在那儿，耐心等待缎蓝园丁鸟小姐前来“点评”。如果满意的话，缎蓝园丁鸟小姐就会成为它的新娘。

在没有得到缎蓝园丁鸟小姐认可之前，缎蓝园丁鸟先生会时刻检查、整理它建好的“走廊”和跳舞场上面的装饰品，如果花儿蔫了，它还会叼走换一朵新鲜的呢。

为了弄到心仪的装饰品，缎蓝园丁鸟先生从早到晚，到处寻找。有时候，还会冒险飞到人们的家里或者其他鸟的窝里“偷盗”。

缎蓝园丁鸟雌鸟搭建的巢，
用来育雏

虽然缎蓝园丁鸟先生费尽心思搭建了“走廊”和跳舞场，但是它们并不会在这里生活。结婚之后，缎蓝园丁鸟太太会用枯草等在树上编个像大碗一样的巢，然后在里面产卵，继而完成孵化、养育幼鸟的工作。

群居织巢鸟

群居织巢鸟的个头儿不大，却是地地道道的建筑“小天才”。它们的鸟巢就像一个大得要命的伞状“公寓楼”，建在高高的树或其他物体，比如电线杆上，里面往往住着很多织巢鸟。

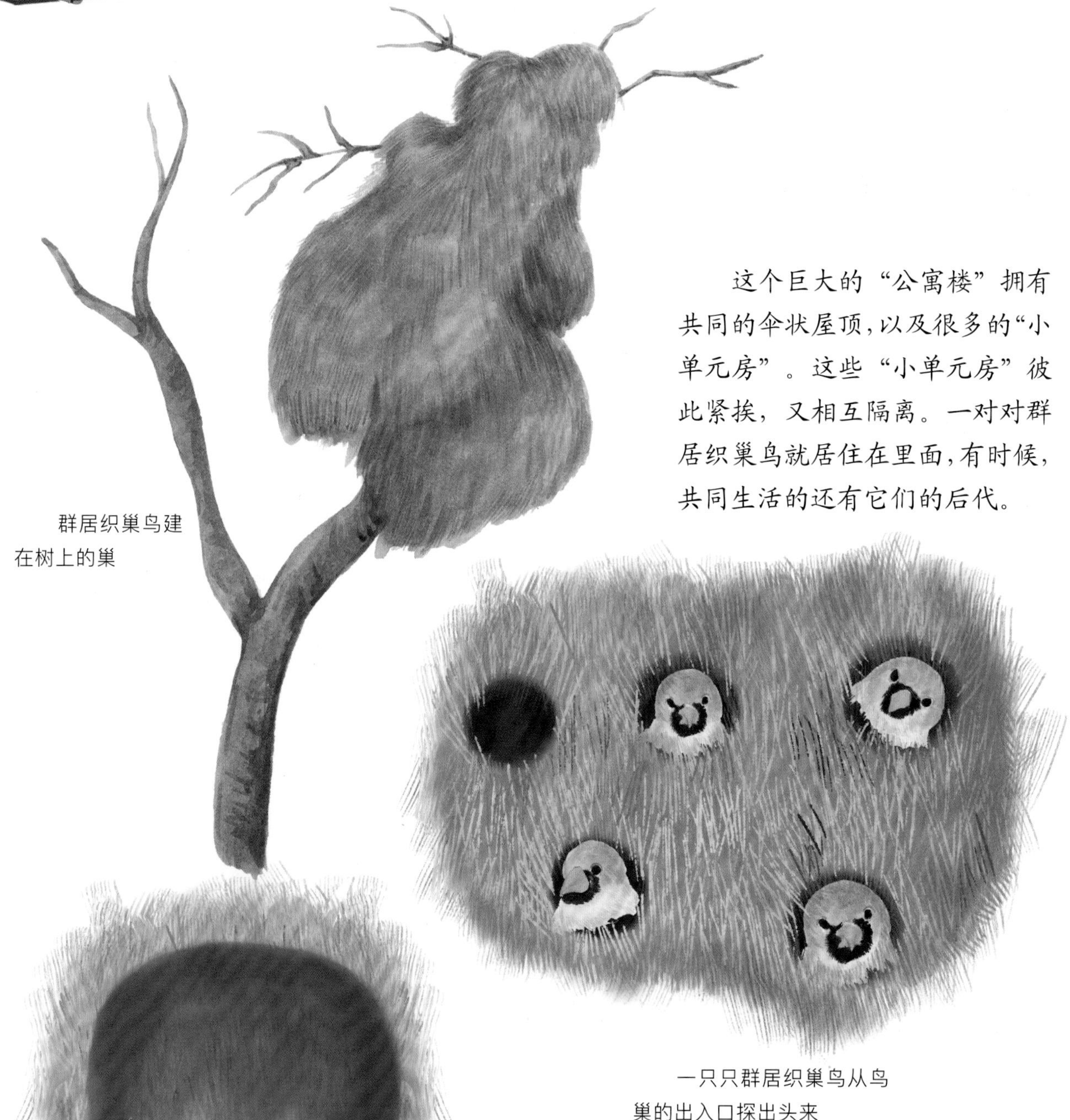

这个巨大的“公寓楼”拥有共同的伞状屋顶，以及很多的“小单元房”。这些“小单元房”彼此紧挨，又相互隔离。一对对群居织巢鸟就居住在里面，有时候，共同生活的还有它们的后代。

群居织巢鸟建在树上的巢

一只只群居织巢鸟从鸟巢的出入口探出头来

群居织巢鸟的“小单元房”里面铺着柔软的干草和绒毛，开口总是朝下的。它们的鸟蛋明显的一头大一头小，这样不容易从下面的开口掉下去。此外，开口处还有“安保措施”——插了一些带有利刺的树枝。

群居织巢鸟的一个“单元”巢，开口朝下，巢中有柔软的干草和绒毛

群居织巢鸟建造的“公寓楼”是所有鸟巢中最大最重的，有时甚至可能会压垮一棵树。

群居织巢鸟建造的“房屋”实在太多了，因此总有一些会空出来。当地的其他鸟类，比如红头雀、侏隼（sǔn）、犀鸟等就会偷偷搬进去住。

一只侏隼来到群居织巢鸟的鸟巢附近

群居织巢鸟一起攻击非洲树蛇

有时候，蛇会试图溜到“公寓楼”里偷吃鸟蛋和幼鸟。一旦被发现，群居织巢鸟就一起攻击蛇，直到它逃跑为止。

群居织巢鸟终年在“公寓楼”里栖息、育雏。平时，除了觅食，它们最喜欢的就是修整自己或者同伴的房屋了。

群居织巢鸟相互合作，共同修整鸟巢

群居织巢鸟非常耐渴，有时可以一整天都不喝水，这是因为它们最喜欢吃的食物之一：白蚁的体内含有丰富的水分。

棕灶鸟

在南美洲有一个传说：为了教会人们盖房子，天神特意派来了一种鸟，这种鸟就是棕灶鸟。

当地人称棕灶鸟为“面包师”，不是因为它们会做面包，而是因为它们为自己盖的房子——巢穴外表很像以前的烤炉。这是个很结实的圆拱形泥巢，很像座真正的房子。

棕灶鸟的巢

棕灶鸟巢的内部结构

棕灶鸟在巢中孵蛋

如果从棕灶鸟房子宽敞的入口进去，会发现里面什么都没有，但如果绕过房子里的那堵“墙”，就会大开眼界。因为里面还有一个小房间哦，还铺着绒毛、干草等。原来，棕灶鸟夫妻是在里间产卵、养育雏鸟的。棕灶鸟之所以这样建造房子，主要是为了骗过那些爱偷吃鸟蛋、雏鸟的鸟和蛇等。

和群居织巢鸟一样，棕灶鸟也喜欢在树、电线杆或建筑物上盖房子，但它们盖房子用的材料不一样，棕灶鸟喜欢使用干草、泥土和牛粪等修建泥巢。

棕灶鸟衔着泥修建泥巢

成年的棕灶鸟结婚之后，年年都会盖新房子，它们的建房速度主要受原料的多少、天气、自己的技术等因素的影响。

摞在一起的泥巢

有的棕灶鸟夫妻盖房技术十分熟练，短短几天内就能完成，而棕灶鸟废弃的房子会被其他鸟类，比如橙黄雀鹀（wú）借用。

橙黄雀鹀占用了棕灶鸟的巢

棕灶鸟善于适应环境，能和人类和平共处，因此鸟群数量众多，它们还是阿根廷的国鸟。

红脚隼

在鸟类世界里，有时筑巢并不是为了定居，很多鸟类只在繁殖期才会暂时安定下来，完成筑巢、生蛋、孵蛋、育雏等一系列大事。

红脚隼（sǔn）也不例外。遗憾的是，红脚隼并不擅于筑巢，更称不上是“建筑师”，但它们胜在会找到一个已有的鸟巢，然后根据需要修补后再使用。红脚隼知道，许多鸟都是优秀的建筑师，比如白嘴鸦、乌鸦、喜鹊等。其中，红脚隼最喜欢的就是喜鹊的巢。

站在树枝上的红脚隼

喜鹊总是把巢建在高高的树上，从外面看，像是一个由枯树枝架叠而成的球，巢里面却既精致又舒服，不仅涂了一层泥巴，还铺了羽毛、兽毛、干草等，住进去别提多舒服了。

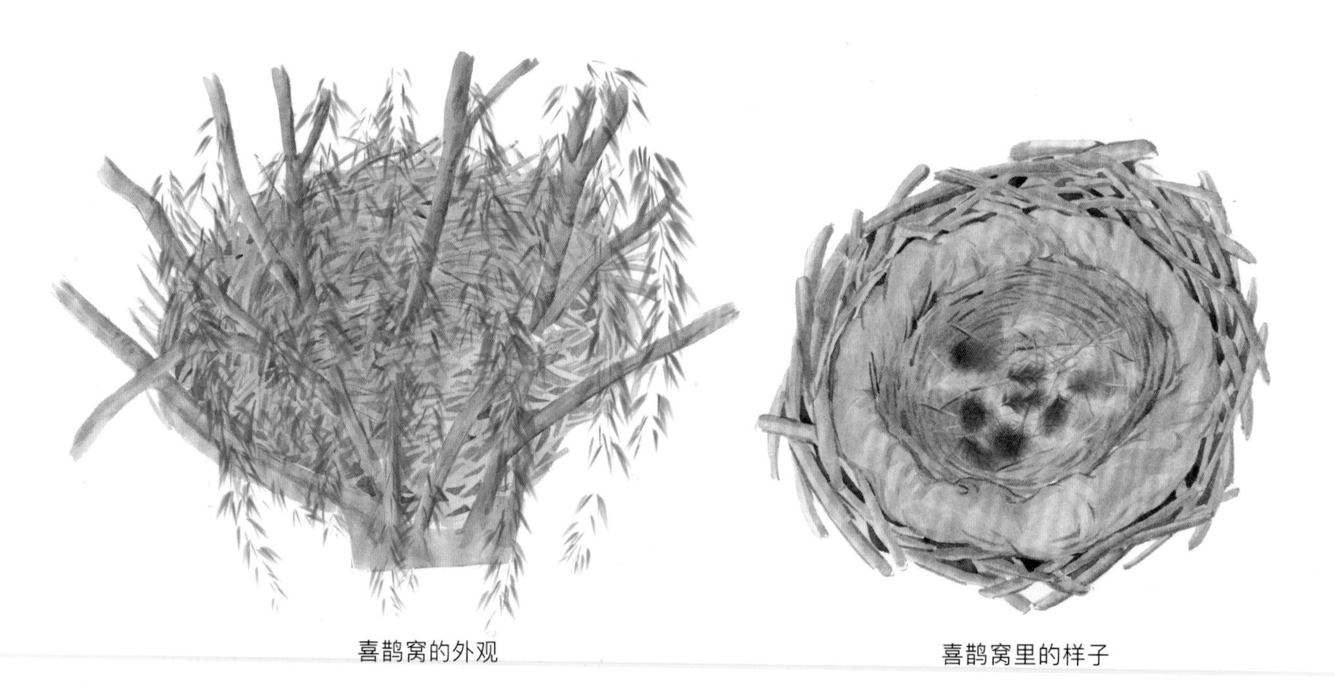

喜鹊窝的外观

喜鹊窝里的样子

红脚隼是猛禽，它们有时候会袭击喜鹊，把喜鹊赶走，然后自己占用喜鹊的巢穴。虽然喜鹊也会不遗余力地进行反击，但它们通常都打不过红脚隼，只好悻悻离开，另建新巢。

有人认为“鸠占鹊巢”里的鸠很可能指的就是隼类中的一些小型猛禽，比如红脚隼。

红脚隼袭击喜鹊

大多数猛禽的脚都是黄色或灰白色的，但红脚隼却是例外，它们无论雌雄，脚都是红色的，这也是它们得名的原因。

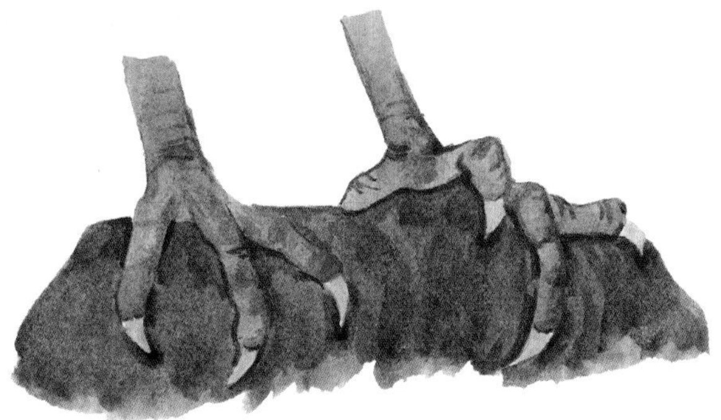

红脚隼的脚

蜻　蜓

螳　螂

蝉

和大多数爱吃小鸟、老鼠的猛禽亲戚不一样，红脚隼是“吃虫爱好者”，它们的食物主要是各种昆虫，比如蜻蜓、螳螂、蝉、蝗虫和其他一些鞘翅类的昆虫。

金雕

在动物界，没有永远的胜利者，即使勇猛、善飞如金雕也是这样。为了保护蛋和幼鸟，金雕父母常常把巢建在既险峻又隐蔽的悬崖峭壁上，或者高大粗壮的针叶树上。

位于峭壁上的金雕巢

金雕会叼来很多粗树枝，堆积成一个大大的，像盘子一样又浅又圆的巢，然后铺上很多细树枝、松针、草茎、毛皮等，确保温暖又舒适。

金雕的巢中铺着松针、草茎、羽毛等

金雕叼来树枝、草茎等修补它的巢

金雕给幼鸟喂食

金雕夫妻很聪明，同一个巢，它们最多连用两年，绝不会多年使用同一个。俗话说“狡兔三窟”，其实，金雕也有很多巢——有旧的，也有新的；有现用的，也有备用的。有人曾经发现，有对金雕夫妻拥有十二个巢。

金雕位于食物链的顶端。据不完全统计，它的食谱上有几十种动物，大型的有狐狸、山羊、鹿甚至狼，中型的有雁鸭类、雉鸡类、松鼠、狍子、旱獭、野兔等，小型的就是各种鼠类了。

大约因为在高处筑巢不容易的缘故，金雕夫妻不会年年都筑新巢。不过它们会经常对旧巢进行修修补补，然后再用一年。由于经常修补，它们的巢就变得越来越大，有的甚至直径超过了两米。

金雕捕食野兔

金雕是鸟类中的寿星，如果没有意外，它们平均年龄在 30 岁之上。金雕也是忠诚的鸟类，实行“一夫一妻”制。

阿德利企鹅

叼着石头筑巢的阿德利企鹅

阿德利企鹅毫无疑问是地球上最可爱的动物之一，它们的眼睛圆圆、肚子圆圆，长着一对小短腿，还特别热爱收集各种石头。

每年的十月到十一月，阿德利企鹅先生都会从大海返回栖息地，四处寻找石头。如果石头太大，就用喙滚；如果石头小，就用喙叼，总之，一定努力收集到足够多的石头来筑一个最大、最好的石头巢。

阿德利企鹅的石头巢

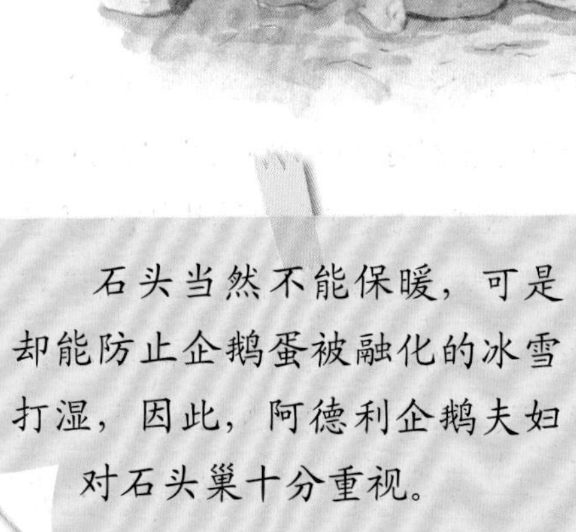

有时，阿德利企鹅先生获取石头的手段并不光明正大，比如，它们可能会从同伴那里偷石头，甚至还会因为一块石头和同伴打起来。

两只雄性阿德利企鹅为争夺石头而大打出手

每年的十二月，是南极地区最暖和的日子，阿德利企鹅会在这段时间繁殖下一代。

在阿德利企鹅妈妈生下蛋之后，阿德利企鹅爸爸和妈妈会轮流承担孵蛋和哺育的重任，一方去觅食，另一方就留下来孵蛋，而正在孵蛋的企鹅是不会进食的，即使拉便便的时候也不会离开，只是稍稍抬起屁股，把便便“喷”出去。

阿德利企鹅正在孵蛋

阿德利企鹅父母共同养育幼企鹅

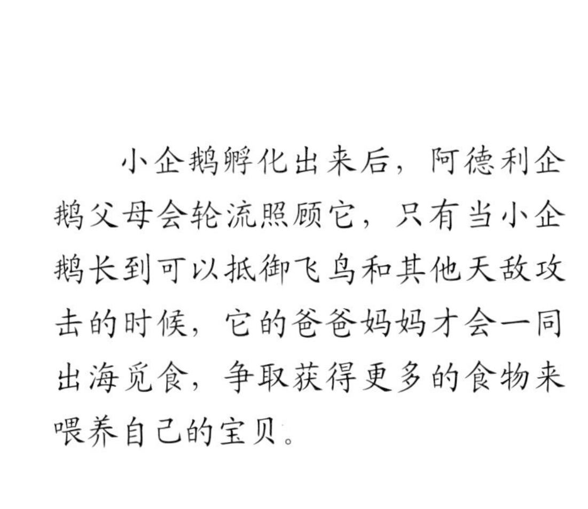

小企鹅孵化出来后，阿德利企鹅父母会轮流照顾它，只有当小企鹅长到可以抵御飞鸟和其他天敌攻击的时候，它的爸爸妈妈才会一同出海觅食，争取获得更多的食物来喂养自己的宝贝。

巢鼠

麦田里，生活着很多巢鼠，其中有一些快要生宝宝啦。

瞧，这个巢鼠妈妈正抓紧时间编织“育儿室”呢。只见它先爬到一棵麦子的高处，将麦秆弄弯，当作支撑点，再抓住附近的麦叶，用牙齿撕成一条条的细条，然后一会儿将细条拉来拉去，一会儿又推又挤……在接下来的几天里，除了吃饭、睡觉，这位巢鼠妈妈几乎把所有时间都放在编“育儿室”上了。

终于，“育儿室”完工了。这是个结实的空心球，有一个小小的出入口，里面还垫着嫩芽、花序和碎叶片等，都是这位巢鼠妈妈特意运来的。

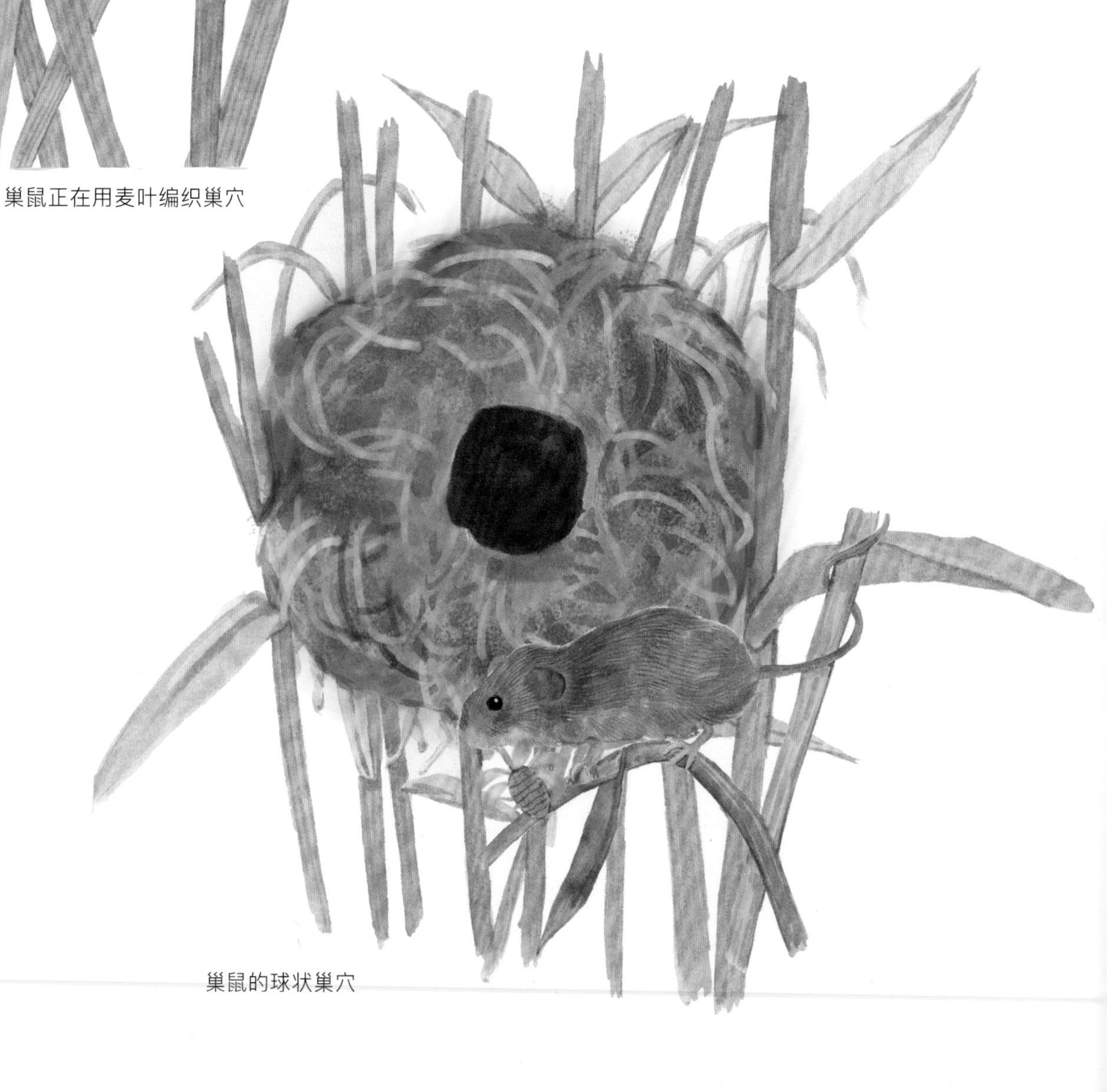

巢鼠正在用麦叶编织巢穴

巢鼠的球状巢穴

巢鼠是一种很特别的小老鼠，它长着棕黄色的毛，耳朵很短，尾巴很长，几乎跟身体一样长，尾巴还常常缠绕在植物的茎秆上。巢鼠即使成年之后，也只有几克重。

其实，每只巢鼠都是天生的建筑师。它们打算在哪儿休息，就在哪儿随随便便编一个临时住房。当然，这个临时住房很粗糙，和巢鼠妈妈编的“育儿室”差远啦。

除了“建筑师”之外，每一只巢鼠都是天生的“杂技演员”。它们可以将四肢架在两棵麦子上并保持平衡，可以从一棵麦秆跳到另一棵麦秆上，还可以在麦秆上玩倒挂金钩……

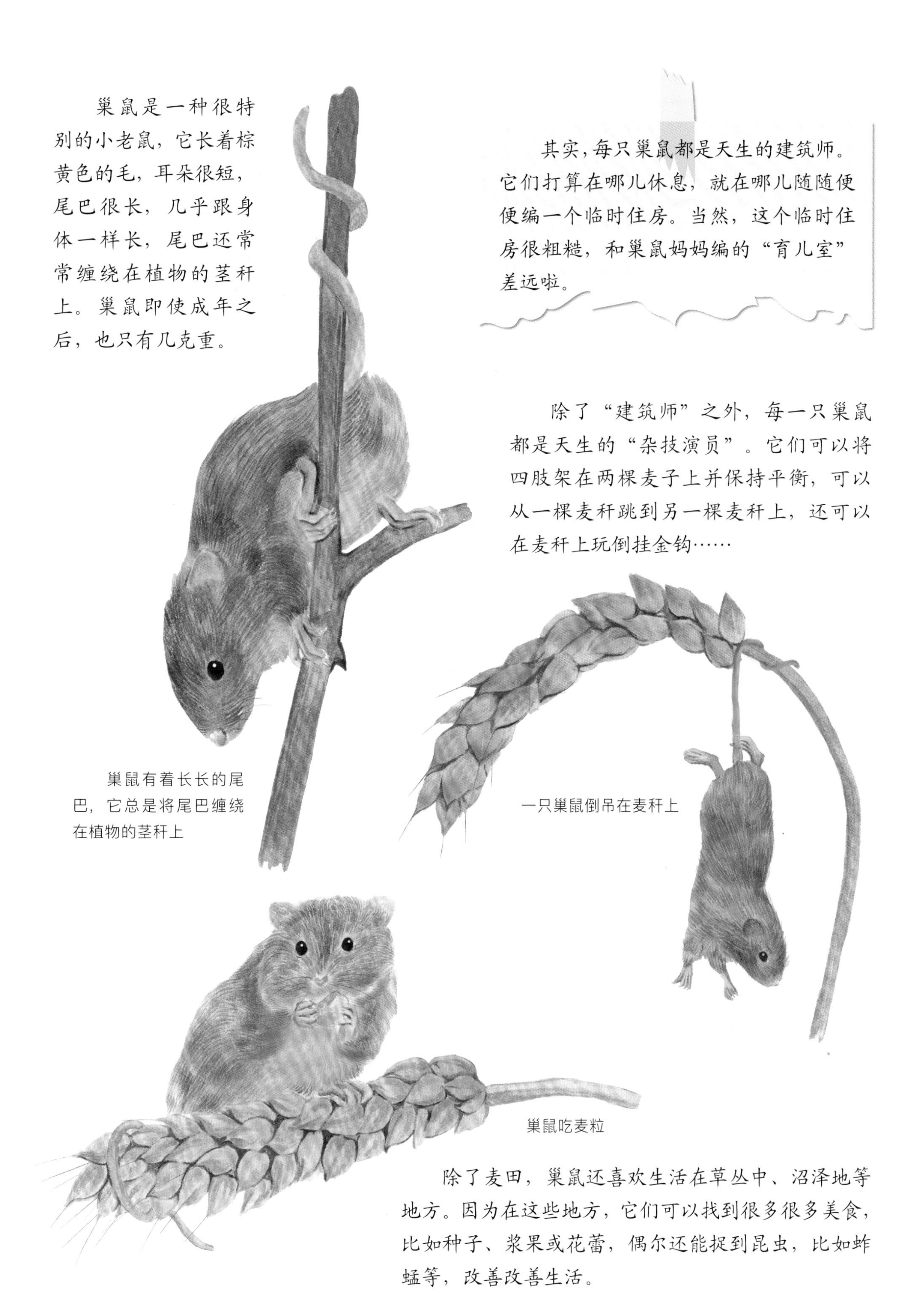

巢鼠有着长长的尾巴，它总是将尾巴缠绕在植物的茎秆上

一只巢鼠倒吊在麦秆上

巢鼠吃麦粒

除了麦田，巢鼠还喜欢生活在草丛中、沼泽地等地方。因为在这些地方，它们可以找到很多很多美食，比如种子、浆果或花蕾，偶尔还能捉到昆虫，比如蚱蜢等，改善改善生活。

鼹鼠

鼹（yàn）鼠几乎一辈子都住在地下——睡在地下、吃在地下，因此它们中的每一个都拥有一座人们可能根本无法想象的“地下宫殿”。

就拿鼹鼠妈妈来说吧，它的“地下宫殿”里往往不仅拥有休息室、育婴室、储藏室，还有无数条大大小小的地道，这些地道相互连接着，像一张四通八达的大网！此外，在这些地道中至少有一条是通往池塘或沟渠的。

鼹鼠的地下巢穴剖面图，每个小穴的功能都不同

小鼹鼠离开鼹鼠妈妈，独立生活之后，就开始用几乎一生的时间修建、完善自己的“地下宫殿”。

平时，一有时间，鼹鼠就会挖地道或在地道中巡视，期望遇到蚯蚓、蛴螬（qí cáo）等，然后吃掉它们！

鼹鼠在地下通道内捕食蛴螬

鼹鼠会在它地下的储藏室里保存暂时吃不完的蚯蚓等食物。为了不让“食物”逃走，它会将“食物”咬伤。鼹鼠唾液中的某种毒素能让“食物”昏而不死，从而确保自己吃到的食物都不是死的。

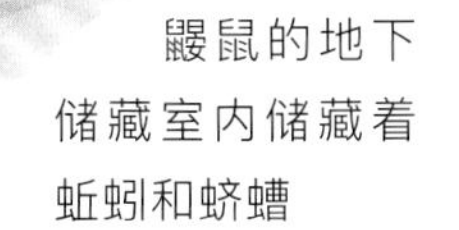

鼹鼠的地下储藏室内储藏着蚯蚓和蛴螬

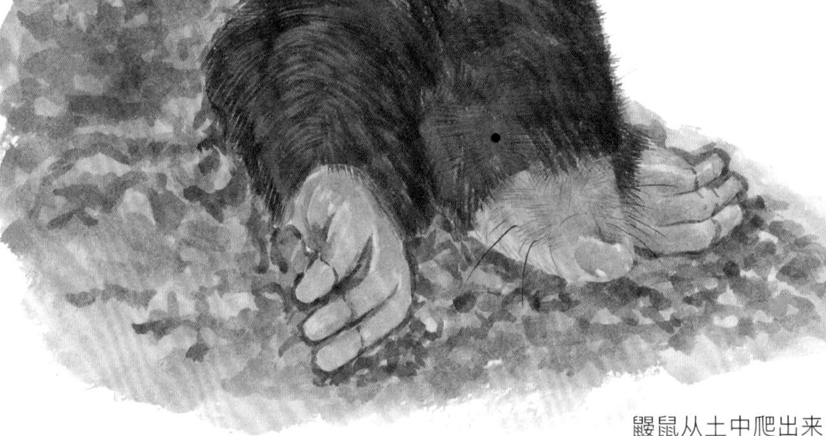

鼹鼠从土中爬出来

在鼹鼠“地下宫殿”的地面出入口旁边，常常堆积着大量的土，被称作鼹鼠丘，这是鼹鼠挖地道的时候搬运出来的土堆积而成的，人们通过鼹鼠丘来判定鼹鼠的住处。

鼹鼠的眼睛非常小，大约只有针头那么大，而且藏在它的皮毛之下。也就是说，鼹鼠的视力很差，差到只能勉强分辨出明亮或黑暗。

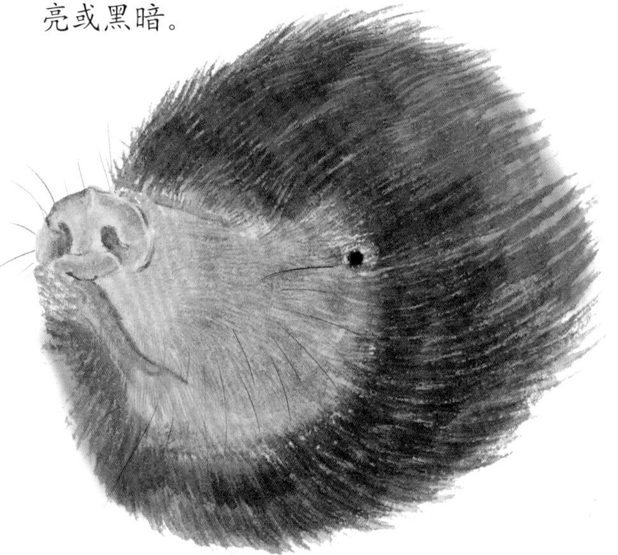

鼹鼠的眼睛很小，且藏在它的皮毛之下

鼹鼠一对特化的前爪，是挖地洞的有力工具

鼹鼠挖地洞最有力的工具就是它那对特化的前爪了，趾甲弯曲而光滑，就像铲子一样。

河 狸

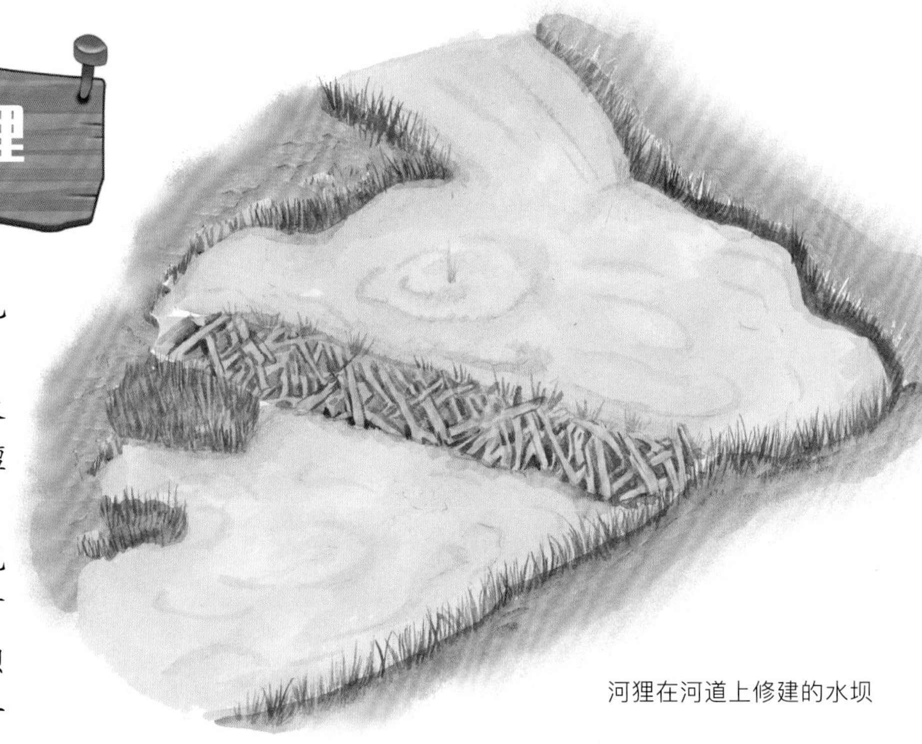
河狸在河道上修建的水坝

河狸头大、腿短，尾巴扁平，长得像只大老鼠，但是它擅长的工作，可和大老鼠不太一样。河狸最擅长的是盖房子和修建堤坝。

只要有木材、草和泥土等建筑材料，河狸就可以建起漂亮的水坝。水坝将河水拦腰截断，形成一个小水塘，而在小水塘里，河狸还会修建一个真正的“豪华别墅”，然后一大家子都住进去。

这个“豪华别墅”差不多有两米高，一半在水上一半在水下，结构复杂、合理，上面有育婴室、卧室等，下面是储藏室；既有地上的出入口，又有水下的出入口，而且常常不止两个——一旦有外敌入侵，它们可以随时从水下隧道逃跑。

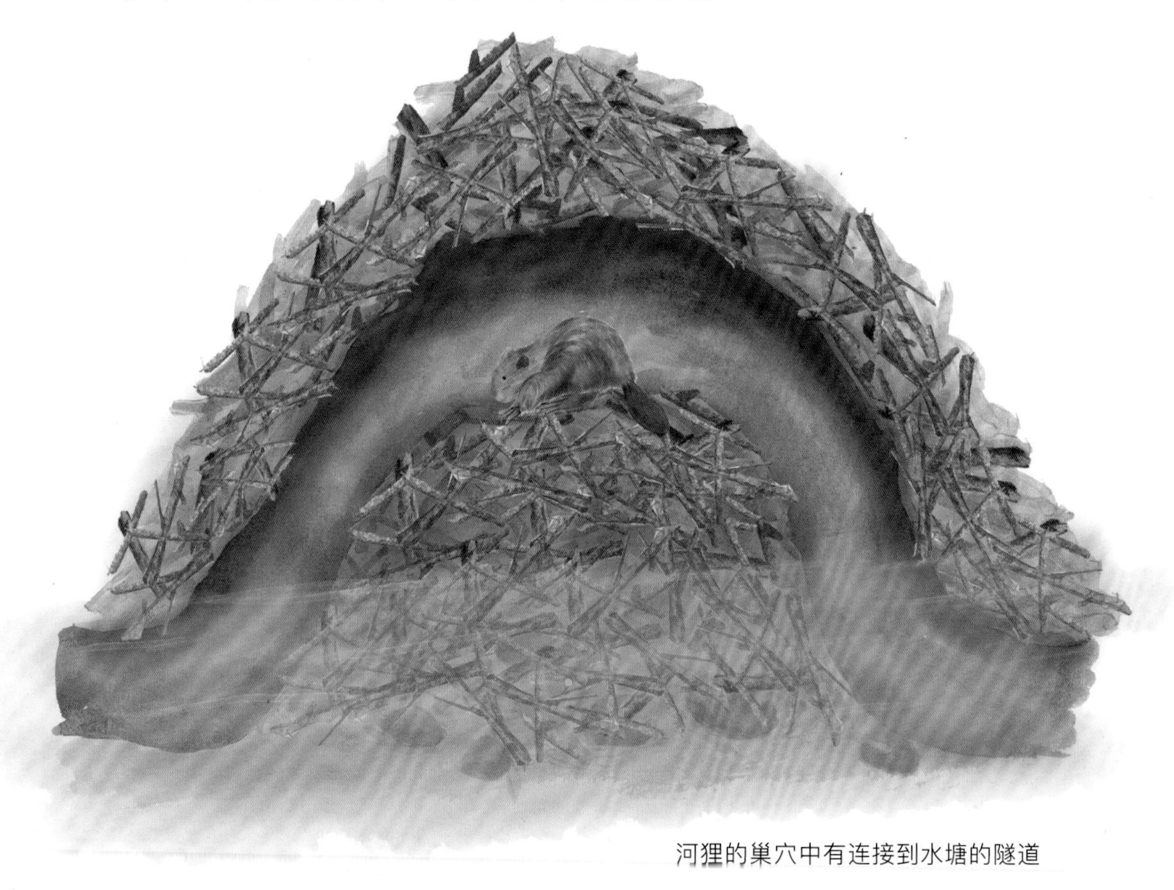
河狸的巢穴中有连接到水塘的隧道

河狸盖房子和建大坝所使用的木材，大多是自己亲自“啃”来的。它们常常趁着黑夜跑到附近的树林里，用门牙绕着树一点儿一点儿地啃，就像人们削铅笔一样。

一般来说，如果是棵小树，一只河狸大约十分钟就能啃断，如果是棵大树，它可能需要奋战好几天。

河狸用门牙“啃”伐树木

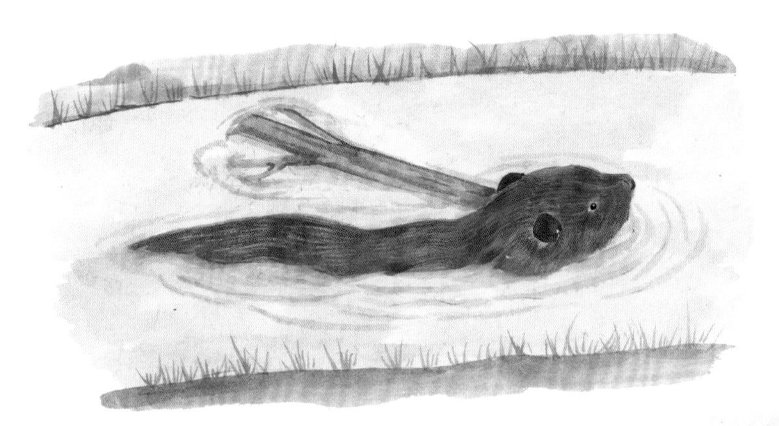

河狸借助水的浮力，将树干拖回巢穴

啃倒树之后，如果需要的话，河狸会用前爪挖出一条通往自己家的“运河”，再利用“运河”的水把树运回去。

河狸的门牙终生都会生长

入冬前，河狸将树枝、树叶运到水底，储存起来

和老鼠一样，河狸也是啮齿类动物。它那四颗大大的门牙，特别锐利，而且终生都会不断地生长，如果不经常磨磨的话，它的嘴巴就别想合上了。

到了秋天，河狸会将大量树枝、树叶运到水底，储存起来。这样一来，即使冬天食物减少，水面结冰，它们依然有新鲜的食物可以吃。

狐獴

狐獴站在它们的洞穴口处

狐獴（měng）喜欢过集体生活。在一个狐獴大家族里，有十几个甚至几十个成员。狐獴个个身材修长，模样可爱，长得有点像戴“墨镜”的狐狸，拥有尖利而弯曲的爪子。对于狐獴来说，爪子是它们挖地洞的主要工具。

狐獴喜欢挖洞，也善于挖洞。白天，只要有机会，它们随时可能挖一个洞。时间久了，它们的地下洞穴越来越大，越来越复杂，最终成为一个庞大的“地下迷宫”，不仅拥有很多出入口，而且有的洞深，有的洞浅；有的独立成洞，有的洞挨着洞、洞连着洞、洞里还有洞。

对于狐獴来说，这个地下迷宫一样的洞穴是它们最重要的生存基地，它们在里面养育小宝贝、睡觉，遇到危险还可以马上钻到最近的地洞里躲藏起来。

狐獴非常善于挖洞

狐獴有一对新月形的小耳朵，在挖洞的时候，为了防止沙土进到耳朵里，这对耳朵还会闭起来。

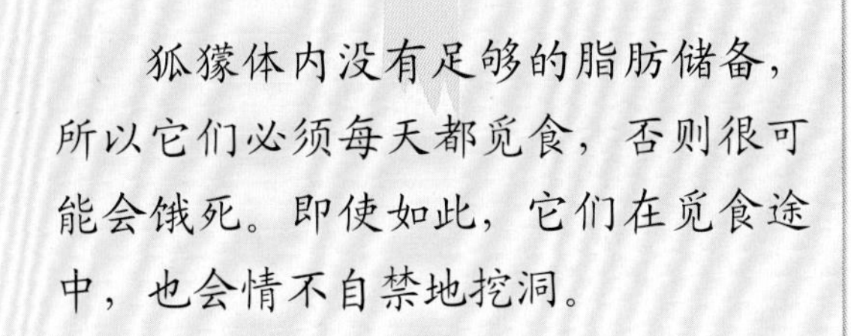

狐獴体内没有足够的脂肪储备，所以它们必须每天都觅食，否则很可能会饿死。即使如此，它们在觅食途中，也会情不自禁地挖洞。

挖洞时，狐獴的耳朵会闭起来

狐獴是肉食主义者，它们主要吃昆虫，也吃小型爬虫类、蜘蛛、其他动物的卵、小型哺乳动物以及植物等。由于狐獴对很多毒素免疫，所以它们的食谱中还有许多有毒的生物，如沙漠蝎子、蛇等。

一只狐獴站在土丘上，为同伴放哨

狐獴捕食蝎子

狐獴有很多天敌，比如鹰、胡狼等，因此，狐獴在觅食时，它们会轮流派出一个或几个成员负责放哨。“哨兵”们爬到附近最高的地方，后腿着地，像人一样站着，扭动着脑袋，眼观六路耳听八方，随时准备向同伴发出警报以及逃跑。

非洲野狗

非洲野狗喜欢一大家子生活在一起，它们聪明善战，懂得合作，大部分时间都在领地上尽情驰骋、捕猎。但当非洲野狗妈妈，同时也是家族的首领之一，有了小宝宝时，就不一样啦。

由于不会挖掘洞穴，非洲野狗妈妈会努力寻找几处其他动物，比如土狼等废弃不用的家，然后挑一个最喜欢的，“打扫”得干干净净。在生宝宝前，非洲野狗妈妈会带着所有的家庭成员住进去。

在那儿，非洲野狗妈妈会生下并照顾宝宝们一段时间。期间，一旦意识到这个“家”不再安全，非洲野狗妈妈就会带领全家另换一个新家。

一只非洲野狗从洞穴口处探出半个身子

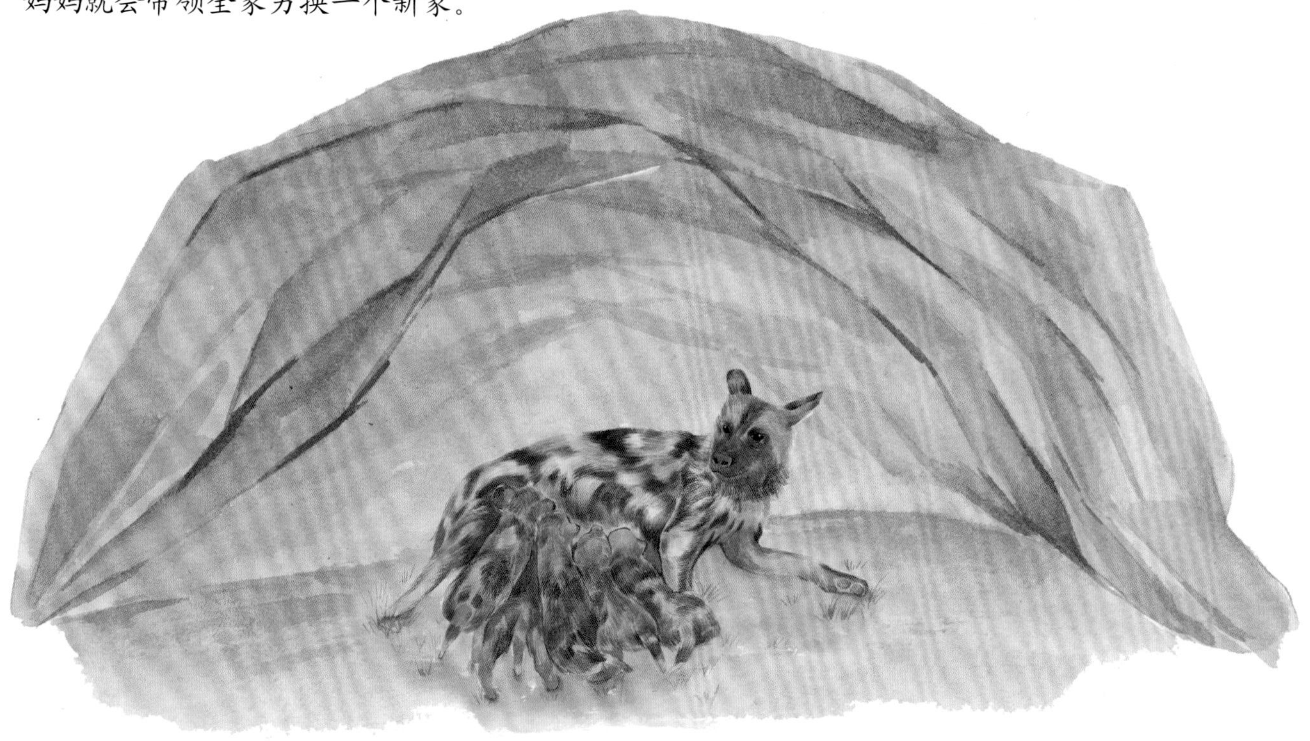

洞穴中，非洲野狗妈妈给幼崽喂奶

等到新生的非洲野狗宝宝渐渐长大，学会捕猎和避开狮子等本领的时候，它们就会离弃这个洞穴，以整个草原为家，每晚住的地方几乎都不一样。

非洲野狗幼崽和成年野狗一起外出

非洲野狗又叫非洲野犬、三色犬，是狼、家犬等的远亲。不同的非洲野狗看起来很相似，但其实每一只都拥有独一无二的毛色斑纹，熟悉它们的人完全可以通过这些斑纹分辨出它们来。

非洲野狗家族很讲究“民主”，比如它们常常用打喷嚏表达意愿，如果大部分非洲野狗都打喷嚏，那大家就一起去捕猎。

非洲野狗会用打喷嚏来表达意愿

捕猎成功后，非洲野狗常常将猎物带回来，或者饱食后再将肉反吐出来，喂给新生的幼崽、照顾幼崽的“保姆”及生病或受伤的非洲野狗吃。

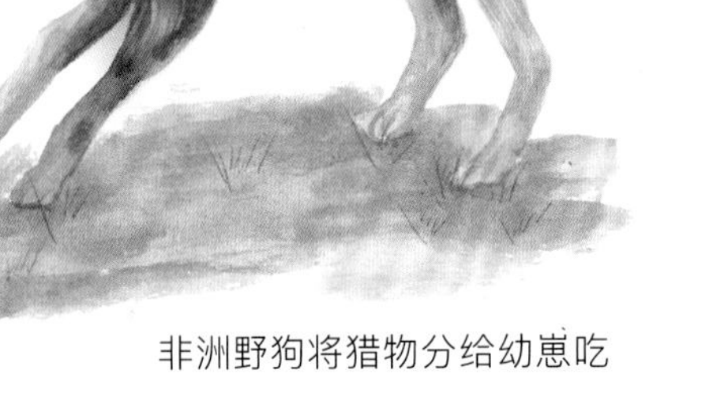
非洲野狗将猎物分给幼崽吃

大熊猫

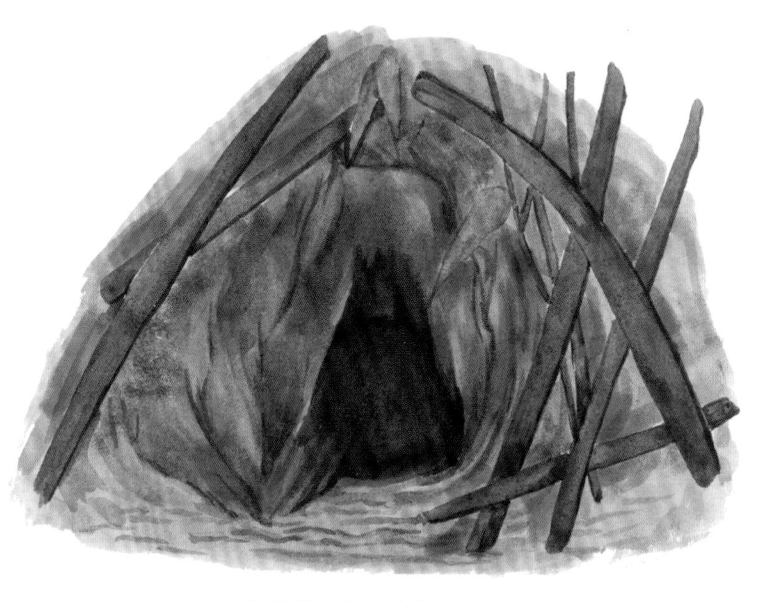

大熊猫用来产崽的洞穴

大熊猫虽然看起来憨态可掬的，但武功值却很高。平时，几乎没有什么动物敢对它们下手，所以大熊猫基本上不需要专门的住所。然而，一旦大熊猫妈妈准备生宝宝了，一切都会改变。

为了确保未出世幼崽的安全，大熊猫妈妈首先要寻找一个住所充当“产房”。这个住所最好是背风向阳的“隧道式”岩洞，也就是洞口小、里面深的洞穴。当然，如果是“两室”型的洞中有洞的就更好啦。

找到这样的住所之后，大熊猫妈妈还会衔一些干草、树枝什么的铺在岩洞深处，那儿黑暗而隐蔽，是个“生娃养娃”的好地方。

大熊猫将竹枝、树枝和干草等铺在洞穴深处

刚出生的大熊猫宝宝像一只长着长尾巴的小老鼠，闭着眼睛，粉红色的皮肤上有一些稀稀疏疏的白毛。大熊猫妈妈会在接下来的一段时间内待在岩洞里抱着它、喂它、舔它。

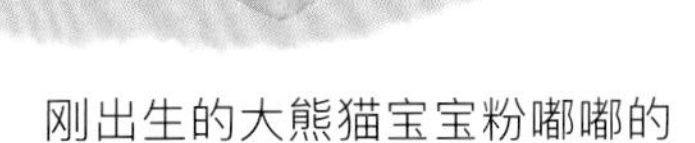

刚出生的大熊猫宝宝粉嘟嘟的

如果遇到危险，也可能仅仅是大熊猫妈妈自己感觉到危险，它就会马上带着大熊猫宝宝搬家。一般来说，在大熊猫宝宝独立生活之前，它们会搬三四次家。

等到大熊猫宝宝大一点儿了，大熊猫妈妈还会带着它的宝宝搬家，换一个岩洞或树洞。新的洞穴往往洞口比较大，里面也不深，还可以晒到太阳。

大熊猫妈妈抱着幼崽在树洞里晒太阳

大熊猫宝宝再长大一点儿后，还会以树为家。当大熊猫妈妈出去觅食的时候，它就会爬到树上去睡觉。如果饿了，就发出类似“哦哦”的叫声，呼唤大熊猫妈妈前来喂奶。

在树杈之间睡觉的大熊猫宝宝